AF224473

LA VÉRITÉ

SUR

LES PRINCES D'ORLÉANS

❖

PARIS

IMPRIMERIE NOUVELLE (ASSOCIATION OUVRIÈRE)

11, RUE CADET, 11

—

1885

LA VÉRITÉ

SUR

LES PRINCES D'ORLÉANS

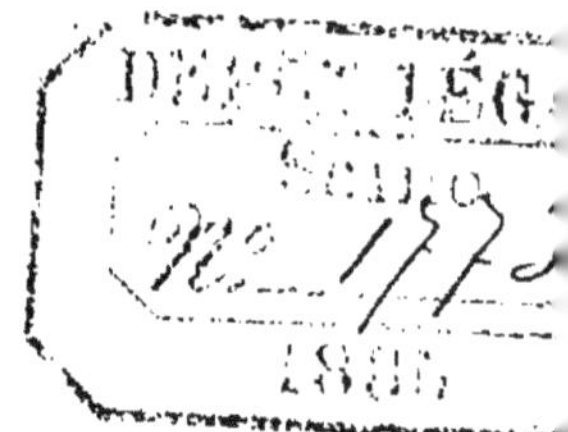

PARIS

IMPRIMERIE NOUVELLE (ASSOCIATION OUVRIÈRE)

11, RUE CADET, 11

—

1885

LA VÉRITÉ

SUR

LES PRINCES D'ORLÉANS

Il faut nous occuper des princes d'Orléans puisqu'ils s'occupent de nous. On les croyait morts. Ils ne bougeaient plus, retirés dans leurs châteaux de Chantilly et d'ailleurs, mais les voici qui s'agitent et font parler d'eux. Ils inspirent des journaux que nous ne lisons guère, font imprimer des brochures que nous ne lisons pas du tout, et nous inondent d'images coloriées dont nous ne voulons point. Ils ont longtemps passé pour être parcimonieux, avares même. Il faut en rabattre. On n'est point économe quand on dépense ainsi son argent pour rien. Il faudra donner un conseil judiciaire à cette famille prodigue qui jette l'argent par les fenêtres du château d'Eu et ne paraît pas trop souffrir de la crise agricole qui nous ronge, nous autres pauvres gens.

Le comte de Paris a une cour, dit-on. On sait ce que c'est ? Des gens titrés ou des parvenus qui veulent des places, des décorations et des habits brodés ; des intrigants qui ont le travail en horreur, des incapables, des sots, des pédants, qui regardent le peuple de très haut et le prétendant de très bas. Le comte de Paris a des secrétaires et des inspecteurs, qui nous inspectent, vous et moi. Il a des chambellans pour le service d'honneur, des chambellans avec une clef dans le dos et des soufflets du suffrage universel sur le visage.

On disait que c'était un prince tranquille ; c'est un homme pressé. Ce n'est pas sans motif qu'il a coupé la grande barbe blonde qui donnait une si vilaine expression à sa face carrée de meklembourgeois. Il porte aujourd'hui la barbiche martiale, à la française, et il a fait faire son portrait en officier de l'armée territoriale, à cheval. La photographie est un précieux moyen de propagande.

Il doit s'en dire de belles dans cette cour du comte de Paris où, chaque matin, on célèbre la messe blanche de la monarchie rétablie ! Les oreilles nous en tintent. Français, mes amis, à en juger par ce qu'ils écrivent et font imprimer, ces gens-là doivent assez mal parler de nous. Ils calomnient ce pays qui a le très grand tort de s'en tenir au gouvernement qu'il a et de ne pas vouloir de restauration ni de révolution. Ils prétendent que nous ne savons ni ce que nous faisons ni ce que nous voulons, et que rien n'ira bien tant que l'on n'aura pas assis le comte de Paris sur le trône de Louis XVI dont son arrière-grand-père, Philippe-Egalité, vota la mort.

Quelle famille que cette famille d'Orléans ! Quelle branche que cette branche cadette ! On y conspire toujours, honteusement, sans courage, sans honnêteté, le drapeau en poche, contre la souveraineté nationale ; on y est toujours avide de pouvoir et d'argent, et prêt à tout, avec des attitudes hypocrites et prudentes.

Depuis quinze ans que la République, confiante en elle-même, a rouvert les portes de la France à ces gens-là, quel bien ont-ils fait au pays, quels services ont-ils rendus, quelles vertus ont-ils montrées ?

Cherchons dans le passé ; voyons dans le présent.

I

Les quarante-cinq millions.

Le 8 décembre 1871, M. Pouyer-Quertier, ministre des finances, déposa sur le bureau de l'Assemblée nationale « élue en un jour de malheur », un projet de loi qui rendait aux princes d'Orléans leurs biens confisqués en 1852.

La veille, l'Assemblée avait ratifié une des conventions accessoires du traité de Francfort; le lendemain, elle devait voter un de ces lourds impôts à l'aide desquels la France payait sa rançon... On était dans ces jours douloureux que le patriotisme ne peut rappeler sans émotion. Les plaies de la guerre et de l'invasion étaient toutes vives et toutes saignantes; le territoire de la République n'était pas complètement évacué encore; M. Thiers s'ingéniait en combinaisons pour hâter le jour de la libération définitive; sans murmurer le pays acceptait les charges les plus pesantes...

Tout à coup, à côté du créancier allemand, invoquant la raison du plus fort, arrogant dans son triomphe et n'épargnant pas l'insulte aux vaincus, surgit un autre créancier, non moins âpre et non moins insolent, c'est la famille d'Orléans.

Le traité de Francfort a été ratifié le 18 mai 1871 par l'Assemblée nationale, et, le 15 septembre, entre deux échéances de l'indemnité de cinq milliards, M. de Mérode se lève et demande, au nom des princes d'Orléans, quarante millions!

Et deux mois après, M. Pouyer-Quertier apporte à l'Assemblée le projet de loi! On s'est demandé souvent si M. Thiers n'avait pas voulu, en cédant aux exigences des princes, associer pour toujours dans la mémoire de la France abattue mais non désespérée, les deux dettes qu'il fallut payer... Les princes ne pouvaient pas attendre, a-t-on dit depuis, — il ne leur restait que deux cents millions ! Les pauvres gens !

Le 22 novembre 1872, l'Assemblée nationale vota un impôt sur le sucre ; le 23 novembre, elle ouvrit la discussion sur la restitution des biens de la famille d'Orléans. Cette discussion fut intéressante et animée. Les députés avaient sous les yeux un rapport passablement confus établissant « le compte moral » de ce que réclamaient les princes. Ils ne demandaient que trente-sept millions, une misère ! Trente-sept millions en chiffres ronds, car, pour ne rien exagérer, ils se contentaient d'exiger 36,961,151 fr. 56 c. Ces cinquante six centimes sont bien dans l'esprit de la famille. Après cela, on n'a pas le droit de s'étonner quand le prince de Joinville poursuit en justice les paysans qui ramassent du bois mort dans ses forêts.

Donc, le rapport concluait à ce qu'on rendit aux princes d'Orléans des biens évalués à 36,961,151 fr. 56 c. Il ne faut pas oublier qu'il s'agissait de biens fonciers, de forêts principalement, ce qui a fait dire que les princes avaient attendu la France au coin d'un bois.

Les républicains eurent le mauvais goût de trouver que l'on allait un peu vite. Rien ne presse, disaient-ils. La France a tant d'argent à donner déjà ! Les princes sont-ils dans la misère et ne peuvent-ils nous faire crédit de quelques mois ? Mais c'est en vain que l'ajournement était demandé. La majorité monarchiste avait hâte de dépouiller l'État, et l'on n'entendait aucun murmure, aucune protestation quand l'intendant des princes, l'administrateur des biens de la famille d'Orléans faisait ressortir là générosité de ses maîtres qui, disait-il en pleine Assemblée et sans rougir « ne demandaient pas d'indemnité ! »

La Discussion.

Ce n'est pas sans un serrement de cœur qu'on relit ces débats révoltants aussi bien par la cupidité des princes que par la servilité de leurs amis. Un orateur raconta l'origine de ces biens, origine illégale et honteuse, puisqu'il s'agit des apanages constitués par Louis XIV, au duc du Maine et au comte de Toulouse, ses bâtards, les fils de Mme de Montespan, et que la Révolution a pour toujours aboli les apanages qui sont des équivalents de souveraineté. On rappela comment Louis XVIII avait eu la faiblesse de rendre à « son cher et amé cousin » le duc d'Orléans tous les biens qui avaient pu lui appartenir, qu'ils fissent partie des domaines de la couronne ou qu'ils fussent affectés à des établissements publics, et l'on dit comment le futur roi des Français, pour reconstituer les dossiers de ces apanages, fit enlever des Archives nationales plus de deux mille pièces renfermées dans plus de cent cartons. On ne parla pas des dix-sept millions prélevés par le duc d'Orléans sur le « milliard des émigrés ». On eut tort. Il aurait été intéressant de produire a la tribune la liste des dix-huit départements où sont éparses les propriétés des princes. L'orateur (c'était M. Pascal Duprat) concluait, avec une modération dont la droite lui savait peu de gré, en demandant que « les membres de la famille d'Orléans s'adressassent aux tribunaux compétents pour être réintégrés dans les biens meubles et immeubles qu'ils auraient le droit de revendiquer. »

Aller devant les tribunaux ! Confier la cause des princes à des juges ! On se récria bien fort dans le camp monarchiste. Des juges, des tribunaux, cet appareil protecteur du tien et du mien, c'était bon pour le vulgaire, et l'on ne pouvait trancher cette grosse question des biens revendiqués par les princes comme on eût fait d'une affaire de mur mitoyen !

L'intendant des princes parla à son tour. Il parla en intendant, avec âpreté, avec hauteur parfois, chicanant, rusant, se montrant tour à tour arrogant et souple, retors et brutal, ayant à peine l'air de se douter que l'honneur d'être député, d'avoir réuni les suffrages égarés de tout un département, devait parler plus haut en lui que ses fonctions domestiques auprès des princes. Ce discours de M. Bocher n'est pas moins curieux à lire que celui de M. Pascal Duprat. Il tenta de justifier la revendication des apanages abolis par la Révolution, mais, pudiquement, il essaya de contester l'origine aussi scandaleuse qu'historique des biens des princes. Puis, avec une hardiesse puisée dans l'attitude d'une assemblée où les courtisans étaient une majorité, il montra ses clients spoliés, victimes généreuses, et probes comme on ne le fut jamais dans l'adversité. A l'en croire, ce n'était pas quarante millions, c'est quatre-vingts millions que l'on devait aux princes, et c'était par pure bonté d'âme qu'ils n'en réclamaient que la moitié. M. Bocher eut des mots audacieux. Restituer, dans ces jours désolés où le pays se saignait aux quatre veines pour payer sa rançon, près de quarante millions aux princes d'Orléans, c'était, disait M. Bocher « le triomphe de la vérité et la revanche du droit ». Quelques instants avant de descendre de la tribune, il avait dit que, pour les princes, il y avait là autre chose qu'une question d'argent, qu'il y avait une question d'honneur et de « piété filiale ». Cette « piété filiale », les princes ne l'éprouvaient pas pour la patrie, pour la France, à cette heure si éprouvée, et ils venaient impudemment réclamer une rançon qu'on eut la faiblesse de leur payer ! Personne ne sourit quand M. Bocher prononça ces mots : « piété filiale. » Le *Journal Officiel*, où il faut lire cette phrase osée, n'enregistre aucune interruption.

On connaît le fond de la thèse des princes et de leurs avocats. Le 22 janvier 1852, six semaines après le coup d'Etat du deux décembre, Louis-Napoléon, invoquant l'exemple de Louis XVIII et de Louis-Philippe lui-même, avait décrété que « les membres de la famille d'Orléans, leurs époux, épouses et leurs descendants, ne pourraient posséder aucuns meubles et immeubles en France, et qu'ils seraient tenus de vendre, d'une manière définitive, tous les biens qui leur appartenaient. »

Un second décret, rendu le même jour, restituait au domaine de l'Etat les biens meubles et immeubles donnés par Louis-Philippe à ses enfants le 7 août 1830, deux jours avant de monter sur le trône, et cela dans le but notoire de se soustraire à l'application d'un principe de l'ancien droit public de la France, qui veut que tous les biens appartenant aux princes lors de leur avènement soient, de plein droit et à l'instant même, réunis au domaine de la couronne.

Louis-Philippe avait fait cette donation sous l'empire de ce qui fut la passion dominante de sa vie, l'amour des richesses ; la mesure violente prise à son égard par l'auteur du coup d'État ne faisait qu'annuler une manœuvre frauduleuse, et les décrets du 22 janvier 1852 sont, on peut le dire, les moins iniques de tous ceux qui furent rendus à cette époque.

En 1871, les princes et leurs avocats demandaient l'abrogation de ces décrets ; ils réclamaient ces biens dérobés en quelque sorte par Louis-Philippe, et ils disaient que le dommage causé non seulement à la fortune mais à la mémoire du roi, devait être réparé sans tarder par l'Assemblée nationale.

Dans un discours d'une sévère et haute éloquence,

M. Henri Brisson, aujourd'hui président de la Chambre des députés, caractérisa comme il convenait l'attitude des orléanistes devant le coup d'Etat. La violation de la Constitution les avait laissés indifférents, mais la confiscation des biens les avait indignés. L'orateur s'écria qu'il avait fallu les décrets du 22 janvier pour qu'on ne vît pas se consommer, dès le lendemain du coup d'Etat, entre les bonapartistes et les orléanistes, cette alliance qui devait se nouer plus tard, en 1870, pour constituer le ministère Ollivier et aboutir à la guerre avec l'Allemagne et aux désastres que cette guerre entraîna.

« Abrogeons les décrets, disait M. Brisson, mais que les princes d'Orléans aillent devant les tribunaux et qu'ils leur demandent justice, s'ils l'osent! » Et, pour établir péremptoirement la tricherie de Louis-Philippe, donnant ses biens à ses enfants deux jours avant d'accepter la couronne, M. Brisson lut le texte de la loi de 1814 :

« Les biens particuliers des princes qui parviennent au trône sont, de plein droit et à l'instant même, réunis au domaine de l'Etat, et l'effet de cette réunion est perpétuel et irrévocable. »

Le 7 août 1830, Louis-Philippe était roi, bien qu'il ne dût prêter serment que deux jours plus tard, et la donation de ses biens à sa famille était un vol, un abus de confiance. La démonstration de M. Brisson était si forte que c'est avec toutes les peines du monde qu'il put achever son discours. A chaque instant, les courtisans du prince l'interrompaient, sentant à quel point cette invocation à l'honnêteté et à la justice était la condamnation des prétentions indécentes de la famille d'Orléans.

Ce qu'on a rendu aux princes d'Orléans.

Tel fut ce débat. On sait quelle en fut l'issue. La loi qui accordait aux princes d'Orléans ce qu'ils demandaient fut votée en troisième lecture, et sans discussion cette fois, le 21 décembre. Elle fut promulguée au *Journal officiel* le 29 décembre 1872. Par suite d'une inadvertance du rédacteur, le texte adopté par l'Assemblée nationale ne faisait pas mention des intérêts et annuités également restitués aux princes qui se hâtèrent de réclamer. Il fallut rectifier ce texte au *Journal officiel*.

Dans son discours, M. Bocher, l'intendant des princes, avait lui-même évalué à 45 millions les biens dont la restitution était demandée, en ajoutant que ce serait bien peu de chose à partager entre huit branches d'héritiers dont certaines étaient déjà sudivisées elles-mêmes, et qui comprenaient cinquante-deux descendants divers de Louis-Philippe.

Ces huit branches et ces cinquante-deux héritiers avaient de quoi vivre, sans doute, avec les centaines de millions qu'ils possèdent, sans parler de la part que les membres allemands de la famille ont touchée de l'indemnité de cinq milliards payée par la France à la Prusse après la guerre. Il leur fallait 45 millions de plus; on les leur a donnés. Qu'ils ne demandent pas autre chose à ce pays qui a soif de paix et de travail ! Qu'ils ne nous obligent pas à nous souvenir des circonstances cruelles où ils ont apparu au chevet de la Patrie mutilée, non comme des fils généreux mais comme de durs et impitoyables créanciers, pour grossir des 45 millions qu'il fallut leur donner, la rançon de cinq milliards que la France dut payer à l'Allemagne !

Mais n'est-ce bien que 45 millions que les princes ont réclamés à la France, après avoir établi d'abord « un compte moral » qui ne se montait qu'à 36,961,151 fr. 56 c.? Il n'est que trop certain que loin d'exagérer la valeur des biens qu'ils venaient arracher à la patrie, on l'a réduite le plus possible. En veut-on une preuve? Le rapport de M. Viette, député du Doubs, sur le budget de l'administration des forêts en 1885, va nous éclairer.

On a attribué à la famille d'Orléans 24,650 hectares 70 ares de forêts. Le revenu de ces forêts où, comme dans toutes les forêts domaniales, dominent les hautes futaies, est évalué au minimum à 1,200,000 francs. En capital, ces 24,650 hectares représentent plus de **soixante millions de francs.**

Que l'on ajoute à ces soixante millions les actions des canaux d'Orléans, de Briare et du Loing ; Chantilly, etc., et l'on arrive à la somme énorme de **cent millions**, chiffre total des revendications exercées par les princes d'Orléans contre leur pays, à l'heure même où il lui fallait payer cinq milliards aux Prussiens.

A cette époque, on l'a plus d'une fois rappelé depuis, tous les cœurs s'unissaient dans un élan généreux pour hâter la délivrance de la patrie. Un conférencier de talent, M. Debidour, professeur à la Faculté des lettres de Nancy, l'a dit avec force :

« A cette époque, des ouvriers offraient un mois de leur salaire, de petits fonctionnaires un mois de leur traitement pour la libération du territoire ; et *les enfants de France* réclamaient à la France quarante-cinq millions ! Dans le même temps, on payait les Prussiens et on payait les d'Orléans. Voilà une simultanéité que le pays n'oubliera pas. »

Il était plus que jamais nécessaire d'insister sur cette

coïncidence instructive au moment où l'on tente de faire en l'honneur des princes d'Orléans une propagande sans moralité, à l'aide de brochures bêtes et ignobles, où les hommes les plus honorables sont traînés dans la boue, où les femmes elles-mêmes sont insultées, où l'histoire est travestie, où le pays tout entier est tourné en ridicule et calomnié dans ses efforts pour le progrès comme dans ses aspirations les plus élevées et les plus chères.

II

L'Héritage du prince de Condé.

Si, pour caractériser le génie de la famille d'Orléans dans les affaires d'argent, il ne suffisait pas de retracer sommairement l'histoire des quarante-cinq millions revendiqués au lendemain de la guerre, il est un épisode qu'on pourrait rappeler encore. Episode tragique, obscur, émouvant, où l'argent, ce mobile des plus basses actions humaines, joue un rôle prépondérant, où la mort d'un homme, d'un prince, apparaît entourée d'un mystère suspect.

Le 27 août 1830, le prince de Condé, le fils de celui qui avait formé et commandé l'armée des émigrés et fait la guerre à son pays, le père de ce malheureux duc d'Enghien que Napoléon fit fusiller dans les fossés de Vincennes, le prince de Condé était trouvé pendu à l'espagnolette de la fenêtre de sa chambre à coucher à Chantilly. Le prince, septuagénaire, avait pour favorite une aventurière anglaise, séparée de corps et de biens d'avec son mari, un loyal officier, M. de Feuchères. Un an auparavant, le 30 août 1829, le prince,

circonvenu, pressé, violenté par Mme de Feuchères,
avait fait un testament par lequel il instituait son
petit-neveu et filleul Henri-Eugène-Philippe-Louis
d'Orléans, duc d'Aumale, son légataire universel.
C'était une fortune de soixante millions qui allait à un
prince d'Orléans ; pour sa part, Mme de Feuchères hé-
ritait de deux millions et de quelques châteaux et
forêts. Il avait fallu négocier, intriguer pendant deux
ans pour en venir là. La duchesse d'Orléans, la future
reine des Français, Marie-Amélie, écrivait, le 10 août
1827, à la maîtresse du prince de Condé une lettre
compromettante. La duchesse d'Orléans disait qu'elle
n'oublierait jamais que c'était à la sollicitude de la
baronne de Feuchères que le résultat espéré serait dû
et elle ajoutait : «... Croyés que vous trouverés en
nous, dans tous les temps et dans toutes les circonstances, pour vous et pour tous les vôtres, cet appui
que vous voulés bien me demander et dont la recon-
naissance d'une mère doit vous êtreun sûr garant. »

Le testament en faveur du duc d'Aumale fut signé le
30 août 1829; le 27 août 1830, le prince de Condé était
trouvé pendu à l'espagnolette de sa croisée.

Y avait-il eu suicide ou assassinat? La justice fit
une enquête, et une ordonnance de non-lieu vint attes-
ter que le prince de Condé n'avait pas été assassiné.
Le doute subsista, néanmoins, et il subsiste encore
dans beaucoup d'esprits, mais il ne convient pas de
faire une arme de parti de cette incertitude prolongée. Les dépositions recueillies dans l'instruction sont
si contradictoires, les déclarations des experts sont si
confuses et l'obscurité qui enveloppe le drame de
Chantilly est si épaisse, qu'il serait ambitieux de vouloir
reviser aujourd'hui la sentence du juge instructeur.
De deux valets de chambre, l'un, créature de Mme de
Feuchères, fit une déposition favorable au suicide;

l'autre, dévoué au prince, fit une déclaration contraire. Le confesseur de Mme de Feuchères croyait au suicide; le confesseur du prince croyait à l'assassinat et adressait à Louis-Philippe une pétition pour être interrogé sur les circonstances qui avaient entouré le sombre et mystérieux événement de la nuit du 26 août. Les héritiers naturels du prince, les membres de la famille de Rohan, et avec eux des écrivains légitimistes d'une grande notoriété croyaient aussi à l'assassinat...

Une chose est certaine, une chose demeure historiquement acquise, c'est cette entente immorale, avouée, entre la baronne de Feuchères et le duc d'Orléans, plus tard Louis-Philippe. Ici rien ne peut prévaloir contre des documents authentiques, contre des preuves écrites, et la correspondance échangée reste comme un monument de cupidité. Il faut y voir le duc d'Orléans s'employer pour rouvrir les portes de la cour de Charles X à l'aventurière dont les manœuvres lentes vont assurer au duc d'Aumale cette colosale fortune de 60 millions !... Mais c'est assez nous arrêter à ces tristes et honteuses choses.

III

La famille d'Orléans.

Avant d'en venir à apprécier l'attitude et les agissements des princes d'Orléans à l'heure présente, il est nécessaire de jeter un coup-d'œil en arrière et d'interroger le passé. Si nous retrouvons dans l'histoire de cette famille, à quelque page que nous jetions les yeux, les mêmes signes, les mêmes habitudes, les mêmes procédés qui la caractérisent aujourd'hui, le titre de

cet écrit sera amplement justifié, et ce sera bien la vérité sur les princes d'Orléans que nous aurons mise
sous les yeux du lecteur impartial.

Les mauvaises mœurs et les coupables intrigues sont
le fond de cette histoire de la famille d'Orléans. Celui
qui en fut la souche, le frère de Louis XIV, joua un
rôle si équivoque et si compromettant que le roi dut
l'écarter du commandement des armées. Sa première
femme, Henriette d'Angleterre, mourut empoisonnée,
dit-on, on n'a jamais su par qui, et l'on n'a jamais su
non plus jusqu'à quel point l'affection de Louis XIV
pour sa belle-sœur compensait l'intimité suspecte du
duc d'Orléans et du chevalier de Lorraine.

Son fils, le Régent, a joué un grand rôle. Élégant,
roué, perverti, capable d'ambition en même temps
qu'esclave de ses vices, la mort de Louis XIV le surprit
au milieu d'une vie de plaisir et de corruption à laquelle
il ne changea rien. Quand après avoir violé le testament du roi, il eut pris le suprême pouvoir et se fut
donné l'abbé Dubois pour ministre, il resta le même.
Les encouragements donnés aux spéculations de Law,
cette fièvre d'agio où se consumèrent la cour et la ville
et qui aboutit à la catastrophe que l'on sait, étaient des
moyens de gouvernement et de fortune pour un prince
qui devait mourir, après un bon dîner, dans les bras
de sa maîtresse, la duchesse de Phalaris.

Entre le Régent et Philippe-Égalité se placent deux
ducs d'Orléans, dont les historiens bien pensants
disent qu'ils donnèrent « l'exemple des vertus et de la
piété ». Il faut entendre par là qu'ils ne conspirèrent
pas comme leurs prédécesseurs et que leur vie ne fut
troublée par aucun accident et par aucun scandale.

Philippe-Égalité.

L'esprit de la famille reparaît avec le duc d'Orléans qui fut le père de Louis-Philippe. Indépendant, révolutionnaire même, celui-là a vu du premier coup le parti qu'il pouvait tirer du mécontentement public. Il est contre la cour, contre la reine, contre le roi, se voit refuser un commandement maritime et devient dans l'Assemblée des notables un chef d'opposition. Aux États-Généraux, il est avec les membres de la noblesse qui se réunissent aux membres du Tiers-État. Il devient plus tard membre du club des Jacobins, membre de la Convention et vote la mort du roi. Il n'est plus le duc d'Orléans, le prince du sang, il est Philippe-Égalité. Il joue avec son fils un double jeu : révolutionnaire à Paris, conspirateur à l'armée de Dumouriez. Il y a, de ce temps, des lettres signées Égalité fils qui sont bien curieuses. Égalité fils, c'était le duc de Chartres, ce devait être plus tard Louis-Philippe Ier, roi des Français. Quand Philippe-Égalité comparut devant le tribunal révolutionnaire, il eut à expliquer son vote dans le jugement de Louis XVI. Il déclara avoir voté la mort « dans son âme et conscience ».

IV

Louis-Philippe.

Nous voici arrivés à Louis-Philippe. La moralité de sa longue carrière se dégage nettement du rapprochement des dates principales de sa vie. Né en 1773 ; co-

lonel de dragons à douze ans, en 1785 ; servant à dix-
neuf ans, en 1792, dans l'état-major de Dumouriez, qui
l'associa, en 1793, à sa trahison ; émigré en Suisse,
puis en Amérique, puis à Londres où il touche une pen-
sion du gouvernement anglais ; voyageur et conspirateur à l'étranger de 1800 à 1809 ; il se rend en 1810 en
Espagne, pour combattre contre l'armée française.
En 1814, il rentre avec les Bourbons « dans les fourgons
de l'étranger », selon la saisissante image si souvent
employée par les historiens de la Restauration ; il se
fait rendre les biens que la Révolution a confisqués à
son père ; puis, fort de l'influence que donne l'argent
et de sa situation dans la famille royale, il reprend le
rôle perfide joué par son père et devient à son tour un
soutien intéressé de l'opposition. Le 31 juillet 1830,
quand la France libérale se réveille, il est lieutenant-
général du royaume, et, le 9 août 1830, il est roi des
Français. La trahison, cette fois, avait abouti et les
convoitises étaient satisfaites... En 1850, après dix-huit
ans de règne et deux ans d'exil, s'achevait au château
de Claremont cette existence tourmentée.

L'histoire du règne de Louis-Philippe est l'histoire
d'hier. C'est une monarchie parlementaire fondée sur
le cens, sur le privilège électoral de ceux qui paient
une certaine somme d'impôts, à qui pendant dix-huit
ans on a refusé d'adjoindre les capacités, et à qui la
Révolution de 1848 a substitué le suffrage universel, la
démocratie maîtresse d'elle-même et de ses destinées.
L'histoire du règne de Louis-Philippe, c'est la France
abaissée devant l'Angleterre, ce sont les mœurs politiques corrompues, les préjugés égoïstes de certaines
classes développés et fortifiés, les pages les plus glo-
rieuses du passé oubliées sinon effacées. Sous ce
règne, des ministres et des généraux sont poursuivis
pour concussion et péculat, un duc et pair s'empoi-

sonne en prison pour éviter de passer en cour d'assises; il avait assassiné sa femme...

« Il n'y a pas à hésiter sur les moyens de nous créer un appui intéressé dans le sein même du conseil. J'ai le moyen d'arriver jusqu'à cet appui; c'est à vous d'aviser aux moyens de l'intéresser... N'oubliez pas que le gouvernement est dans des mains avides et corrompues... » Voilà ce qu'écrivait, en 1842, le général Despans de Cubières, ancien ministre de la guerre, à un de ses associés dans l'affaire des mines de Gouhenans dont il s'agissait d'obtenir la concession.

Le 1er mai 1847, le journal le *Droit* annonçait que M. Teste, ancien ministre des travaux publics, et le général Despans de Cubières, étaient poursuivis devant la Cour des pairs pour concussion et péculat. Cet appui intéressé dont parlait Cubières dans sa lettre, c'était Teste qui l'avait fourni et qui avait, en effet, accordé la concession des mines de Gouhenans.

Le 17 juillet 1847, la Cour des pairs condamna Teste à trois ans de prison, 94,000 francs de restitution et d'amende, et à la dégradation civique pour avoir, étant ministre des travaux publics, agréé des offres et reçu des dons et présents pour faire un acte de ses fonctions non sujet à salaire. Le général Despans de Cubières fut condamné à la dégradation civique et à 10,000 francs d'amende. L'ancien ministre de la guerre, acquitté du chef d'escroquerie, avait été reconnu coupable du crime de corruption sur un ministre d'Etat.

La préoccupation dominante du roi n'avait-elle pas été d'extorquer aux Chambres de grosses dotations pour sa famille? Du haut en bas de l'échelle, en haut surtout, tout en haut, on voulait de l'argent et on faisait tout pour de l'argent.

Il n'est point mauvais d'insister sur le régime électoral auquel Louis-Philippe dut de régner dix-huit ans.

Il y avait 200,000 électeurs dans toute la France. C'était le pays légal. Il fallait payer 250 francs de contributions pour avoir le droit de nommer les députés. Dans tel canton, on comptait un ou deux électeurs. La matière électorale était facile à manier. Le préfet et toutes les autorités, en descendant jusqu'au garde champêtré, faisaient ce qu'ils voulaient de ces deux ou trois cents braves gens. Ceux sur qui le gouvernement pouvait compter dînaient avec les douteux chez les fonctionnaires. « Or, en arrivant, je sus que tous ceux de la droite dînaient chez le préfet ou chez l'homme aux crachats avec ceux du milieu, et que ceux de la gauche ne dînaient nulle part. J'en conclus aussitôt, dit Paul-Louis-Courier, que leur affaire était faite ; qu'ils perdraient la partie, et payeraient le dîner dont ils ne mangeaient pas : je ne me suis point trompé. » Ce système fit élire ces majorités dont les ministères faisaient ce qu'ils voulaient. On voulut le réformer, ajouter aux gros propriétaires quelques modestes diplomés, gens instruits qui eussent vu un peu plus clair dans les affaires de l'État. Louis-Philippe et ses ministres ne voulurent rien entendre et la révolution de 1848 se fit qui nous donna le suffrage universel.

Les d'Orléans ont-ils pris leur parti du suffrage universel ? Nullement. L'autre mois, cette année même, le *Figaro*, leur journal, imprimait en toutes lettres :

« Évidemment, le suffrage universel est inconciliable avec le droit divin et, en fait, les deux principes s'excluent ; mais, *dans la pratique*, il y a toutes sortes d'accomodements, et, si mince estime qu'on professe pour le suffrage universel, il serait imprudent de le solliciter en avouant l'intention de le détruire..... le jour où on l'aurait décidé à nommer une majorité de députés monarchistes, on serait sûr de le manœuvrer facilement. »

N'a-t-on pas vu dans l'Assemblée nationale, quand se discutaient les lois électorales, les orléanistes avérés parler de la représentation des intérêts comme si le suffrage universel n'existait pas ?

Les d'Orléans en veulent à nos droits parce qu'ils ne peuvent se dissimuler que c'est l'usage libre et raisonné de nos droits qui les écarte pour toujours du pouvoir.

V

Les princes d'Orléans à l'Assemblée nationale.

Bon sang ne peut mentir. Les princes d'Orléans sont aujourd'hui ce qu'ils étaient hier. Ils siégèrent dans l'Assemblée nationale en 1871 ; voyons quels furent leurs votes. Leurs votes ? N'avaient-ils pas promis de ne pas siéger ? Dans le grand discours qu'il prononça quant il s'agit de valider les élections du prince de Joinville et du duc d'Aumale, M. Thiers déclara formellement que les princes avaient pris l'engagement de ne pas paraître à l'Assemblée. Serment de princes. Ils siégèrent et ils votèrent.

Ils votèrent contre la réduction à trois ans de la durée du service militaire. Le service de trois ans, tous les Français égaux devant l'impôt du sang, l'orléanisme n'admet pas plus cela qu'il n'admet le suffrage universel. Sous Louis-Philippe et sous l'empire, la durée de service était de sept ans. En ce moment même, il y a un ou deux orléanistes dans la Commission de l'armée ; ils n'ont pas cessé de protester contre les conclusions du rapport de M. Ballue et de déclarer que le meilleur système pour eux, c'était l'ancien, avec l'exonération ou la substitution à prix d'argent. Toujours tout pour la richesse ! La majorité républicaine en a décidé autrement ; elle a voté le service de trois ans, le service égal pour tous, riches ou pauvres. Plus de rachat ! Plus de remplaçants ! Plus de faveur, la justice !

De tous les votes que les princes d'Orléans ont émis à l'Assemblée nationale, le plus significatif est celui du 24 mai 1873. Une fois les embarras de la première heure disparus, impatiente d'essayer son pouvoir, la majorité monarchique a contraint M. Thiers à donner sa démission, mais des membres de la gauche proposent de ne point accepter cette démission ; un scrutin est ouvert et le duc d'Aumale et le prince de Joinville votent contre la motion de la gauche. La fusion alors leur donnait quelque espérance. Ils croyaient toucher au but.

On peut lire pourtant au *Journal Officiel*, les paroles prononcées par M. Thiers en 1871 lorsqu'il sollicitait de la Chambre l'abrogaion des lois de bannissement et la validation des élections des princes :

« *Ils m'ont dit qu'ils ne seraient pas un obstacle, qu'ils ne paraîtraient pas dans le sein de cette Assemblée, et qu'ils ne justifieraient jamais des craintes qui m'avaient tant préoccupé.* »

Deux ans après, les princes d'Orléans contribuaient par leur vote à chasser du pouvoir le grand citoyen qui leur avait rouvert les portes de la patrie, le libérateur du territoire !

Le comte de Paris

Quant au comte de Paris, sa situation est difficile et son embarras est grand comme son caractère est énigmatique. Il a mené, lui aussi, une vie quelque peu errante, et, par plus d'un côté, son existence ressemble à celle de Louis-Philippe. Comme son grand-père, placé entre ces deux alternatives, trahir la monarchie ou trahir la Révolution, on le voit prêt à trahir la monarchie et la Révolution au profit de sa dynastie. Ce n'est pas uniquement pour serrer le comte de Chambord dans ses bras, qu'il a fait le voyage de Frohsdorff en 1873, et la fusion, célébrée sur tous les tons par les feuilles royalistes, a été autre chose qu'une politesse et une simple formalité. Depuis, le prince en qui s'incarnait le principe de la royauté de droit divin n'a pas laissé échapper une occasion de témoigner les sentiments que lui inspiraient ces parents également avides de recueillir les héritages politiques et les héritages d'argent. Lorsqu'il fut sur le point de mourir, c'est en forçant sa porte que ces héritiers impatients purent arriver jusqu'à son chevet pour y jouer la comédie de la douleur. Modèle de loyauté et de probité politique, le comte de Chambord, dernier rejeton d'une souche et desséchée, ne pouvait avoir que du mépris pour ceux à qui tous les expédients, tous les compromis, tous les mensonges ont toujours paru bons pour arriver à leurs fins, et il le montra bien.

Mais, enfin, la fusion est un fait acquis à l'histoire, et celui qui ne fut jamais Henri V étant mort, il n'y a plus aujourd'hui qu'un prétendant à la couronne royale, le comte de Paris, qu'un prince « de droit divin », le comte de Paris.

Quels projets médite ce prince ténébreux soupçonné de jouer en face de la République française le rôle de Guillaume III en face de la République hollandaise? Quels plans mûrit ce cerveau où semble dominer le génie allemand avec toutes ses obscurités? A quel stathoudérat aspire ce d'Orléans silencieux qui ne désavoue aucune des imprudences de ses partisans trop zélés, au nom de qui se fait l'active propagande que l'on sait, et qui est à cette heure entouré des débris de l'ancienne faction légitimiste? Il se tait à dessein, comptant bien tirer parti de tout et de son mutisme même; mais ne pouvons-nous suppléer à cette réserve par trop habile? Le comte de Paris se tait, d'autres parlent pour lui. Ecoutons-les.

Le Parti du comte de Paris

L'observation rapide des petits groupes dont se compose l'état-major très réduit du parti royaliste suffit pour nous renseigner sur ce que nous préparent ces gens que la perspective de nouvelles révolutions n'émeut pas du tout et qui sont disposés à tout sacrifier — la paix publique d'abord — à leurs préférences monarchiques.

C'est, pour commencer, le parti prêtre. A côté du clergé soumis aux lois de l'Etat qui le rétribue, il y a un élément politique, celui qui n'a pas encore pris et ne prendra jamais son parti de l'application du droit commun aux jésuites, celui qui s'obstine à associer dans une même fortune la monarchie et l'Eglise, ce dont celle-ci n'a guère à se louer. C'est cet élément politique qui a fondé, depuis la guerre, ces œuvres dont la principale, celle de Jésus-Ouvrier et des cercles catholiques, révèle la persistance de ce besoin de domination, d'assujettissement, où il faut peut-être chercher la principale raison d'être de la hiérarchie romaine. A la Chambre, c'est M. de Mun, c'est l'évêque d'Angers qui représentent ce parti; au Sénat, c'est M. Chesnelong, c'est M. Lucien Brun. Depuis la mort du comte de Chambord, ces ultramontains fanatiques sont avec le

comte de Paris. Il est « leur roi » ; Ils n'en connaissent
point d'autre. Il est leur roi et il est aussi leur prisonnier. C'est par eux qu'il est sacré prétendant au trône,
par eux qu'il est légitimé ; c'est eux qui lui ont donné
pour secrétaires des magistrats révoqués à la suite
des décrets de 1879 ; c'est eux qui en ont fait « le fils
aîné de l'Eglise ».

Vous tous qui ne voulez point qu'on use de con-
trainte pour vous conduire à l'église, songez à ceci
que le comte de Paris est, à l'heure qu'il est, l'espoir
des ultramontains, de ceux qui font de la religion un
instrument de gouvernement, et que ce prince d'Orléans est le prétendant des curés comme il serait le
roi des curés, si jamais...

Mais le comte de Paris n'est pas seulement le prétendant des curés, il est le prétendant des ennemis du
suffrage universel, de ceux qui, sous une forme ou
sous une autre, voudraient restreindre l'expression
de la volonté nationale. Oh ! ils ne veulent pas suppri-
mer le suffrage universel ; ils veulent seulement en
modérer l'application. Ils ont pour cela une formule
hypocrite qui couvre à merveille leurs projets : « Nous
voulons, disent-ils, le suffrage universel *honnêtement*
pratiqué. » Cette pratique honnête ne dit rien qui
vaille. Ce sont les conditions d'âge et de domicile de
l'électorat modifiées ; c'est le sectionnement des arron-
dissements ou des départements, selon que le scrutin
uninominal ou le scrutin de liste est en vigueur ; c'est
enfin la suprématie de classes prétendues dirigeantes
conservée par toutes sortes de mesures, et ce sont les
couches nouvelles de la démocratie dépouillées des
droits et des mandats conquis par elles depuis quinze
ans et dont elles se sont montrées si dignes.

C'est sur les bancs éclaircis du centre droit des
assemblées délibérantes que siègent encore quelques-

uns des représentants de ce groupe qui est l'orléanisme même. Le suffrage restreint ne leur est pas plus favorable que le suffrage universel. Chaque élection nouvelle fait des vides dans leurs rangs. Le 25 janvier 1885, le duc de Broglie, M. de Fourtou, M. Tailhand, M. Brunet, les lumières du parti, ceux qui avaient en son nom tenté l'essai déloyal de la monarchie au 24 mai 1873 et au 16 mai 1877, les chefs de la faction sont restés sur le carreau. Ils n'en demeurent pas moins, tout écartés qu'ils sont de la vie publique, des agents et des conseillers du comte de Paris ; ils n'en partagent pas moins, en espérance, avec les ultramontains, les portefeuilles, les places, les honneurs, le pouvoir ; ils n'en disposent pas moins effrontément, dans leurs conciliabules de salon, des destinées de ce pays dont la volonté souveraine les a pour toujours chassés des assemblées.

Le comte de Paris est le prisonnier de ceux-ci comme de ceux-là, étant à la fois l'héritier du comte de Chambord et l'héritier de Louis-Philippe, et il est le symbole vivant de cette réaction hybride, cauteleuse et fanatique tout ensemble, qui se faisait en 1850 la complice des meneurs du coup d'État et recevait pour salaire de ses efforts cette prétendue liberté de l'enseignement où l'Église devait retrouver une sorte de monopole en même temps qu'un rajeunissement de son autorité.

Le comte de Paris est l'espoir, le dernier espoir de ceux dont l'ambition est de faire deux France : une France cléricale, plus ultramontaine et plus papiste que le pape, et l'autre... celle-ci devant être gouvernée par celle-là.

Le comte de Paris est le prétendant des élèves des facultés catholiques dont les docteurs enseignent que le mariage civil n'est rien et que le mariage religieux est tout. Pour ces docteurs, quand le prêtre n'y a point passé, l'union conjugale contractée conformément au Code civil est un concubinage autorisé. Ils veulent rétablir le droit d'aînesse et la liberté de tester, poursuivant ainsi un but qu'on doit dénoncer : la la reconstitution de la grande propriété, des fiefs morcelés depuis la Révolution. Le comte de Paris est le prétendant de ces jeunes gens instruits dans le mépris de tout ce qui constitue le droit moderne. C'est sur lui que comptent ceux qui les élèvent ; c'est de lui qu'ils attendent une ère nouvelle où, comme autrefois, l'Église aura sa place dans les conseils du gouvernement, et où, dans la commune, le curé sera tout, l'instituteur sera peu de chose et le maire ne sera rien.

Voilà pourquoi le comte de Paris se tait, tout en laissant ses amis le compromettre et répandre à profusion sa photographie, à cheval, en bel uniforme de l'armée territoriale ; voilà pourquoi on se livre en son nom à une ardente propagande, d'ailleurs sans résultat, et dont on peut bien dire qu'elle est dans ses excès mêmes une injure prolongée faite au bon sens robuste du pays.

VI

Conclusion.

Concluons. Dans le passé comme dans le présent, les princes d'Orléans apparaissent également préoccupés d'amasser d'immenses richesses et de s'assurer le pouvoir. Ils ne sont jamais las ni rassasiés. Il leur faut ajouter les millions aux millions et joindre les intrigues aux intrigues. Ne leur dites pas que la France meurtrie saigne encore ; il leur faut quarante, soixante, cent millions; il les leur faut sur l'heure, et ils les prennent. Ne croyez pas que le maintien de la paix publique soit leur souci; ils veulent le gouvernement de la France et tous les moyens leur sont bons pour corrompre, s'il se peut, l'opinion : la diffamation, la calomnie, toutes les formes du mensonge.

Comme on a bien fait d'imprimer et de répandre à beaucoup d'exemplaires le discours prononcé par M. Jules Roche dans la discussion du budget de 1885!

C'est là qu'on voit tout ce que la République a fait, depuis quinze ans, pour restaurer le crédit de la France, pour lui refaire une armée, pour lui donner des écoles, pour lui construire des chemins de fer et des ports ; c'est là qu'on voit que, depuis quinze ans, la somme déposée à la Caisse d'épargne s'est augmentée d'un milliard trois cents millions, que le nombre des livrets a plus que doublé, et qu'il y a aujourd'hui trois millions d'épargnants de plus qu'en 1870.

Les princes d'Orléans et ceux qui attendent une fortune de leur service spéculent sur les complications du budget et aussi sur cette crise agricole et industrielle que les pays monarchiques, l'Allemagne, l'Italie, l'Espagne et l'Angleterre elle-même subissent comme la France et dont ils semblent plus profondément atteints que nous.

Ils se trompent lourdement en croyant nous en imposer. Nous savons lire et compter et nous savons à qui nous avons affaire. Les princes nous sont connus; on ne peut plus rien nous apprendre sur leur compte. On leur a retiré leurs grades dans l'armée; on a eu raison de découdre ces galons brodés sur leurs langes d'altesses. A cette heure, ils ne sont plus rien en France que des propriétaires, de très gros propriétaires, et des rentiers, de très gros rentiers. Qu'ils fassent ce qu'ils veulent de leurs revenus, qu'ils entretiennent des ac-

trices ou qu'ils thésaurisent, cela nous est égal!
Sous la Restauration, un écrivain royaliste disait que
c'était une faute ou, tout au moins une très grande
imprudence politique, que de laisser à un prince placé
près du trône et qui n'a pas l'espoir d'y monter d'après
l'ordre de la nature, une fortune immense comme celle
du duc d'Orléans. Dans les considerants du décret du
22 janvier 1852, la raison d'État était encore invoquée
pour déposséder les princes. La République n'en use
pas de même. Elle laisse aux d'Orléans ces centaines
de millions dont l'origine est ou douteuse ou suspecte;
mais elle exige en retour, et elle saura se faire obéir,
que les princes se soumettent ou s'exilent.

« Allez, on vous a déjà donné! » peut dire à bon
droit le pays, quand les princes sollicitent de lui autre
chose encore que de l'argent.

La France a besoin de repos. Ce n'est pas en ravivant
les querelles politiques que l'on donnera un essor
nouveau à l'agriculture, a l'industrie, au commerce.
Sous le gouvernement républicain — qui est le gouvernement de tous — il n'y a pas de place pour les
intrigues des factions et pour leurs conspirations,
comme il n'y aura pas d'heure pour la réalisation de
leurs mauvais desseins. Mais n'est-il pas utile, puisqu'ils tiennent à faire parler d'eux, de dire la vérité
sur les princes d'Orléans ?...

Vous tous, travailleurs des campagnes, « coupeurs de
terre », rudes laboureurs qui remuez péniblement le sol
dont la Révolution vous a fait les propriétaires, vous
qui êtes comme le fonds inépuisable où la nation puise
sa sève incessamment renouvelée, vous qui avez soif
de justice et d'égalité, vous ne vous laissez pas prendre
aux ruses et aux impostures des orléanistes, et vous
l'avez bien montré lorsque par votre libre vote vous
avez fait avorter l'odieuse aventure du 16 Mai.

Vous savez que l'orléanisme, c'est le règne du privilège, de la faveur, de la corruption ; le suffrage universel mutilé ou comprimé, avec des catégories d'éli-
gibles à défaut de catégories d'électeurs ; le service
militaire à longue durée pour les pauvres et l'exemp-
tion de l'impôt du sang pour les riches ; le maintien
des vieilles taxes monarchiques qui demandent plus à
celui qui a moins et moins à celui qui a plus ; le règne
des curés ; la restriction des libertés municipales, les
maires nommés par le préfet ; en un mot, vous savez
que l'orléanisme, c'est l'ancien régime sournoisement
et frauduleusement rétabli, la Révolution française
reniée et défaite, et cela au profit d'une famille qui
a si souvent trahi la France, qui en a tiré tant d'argent !... Vous savez toute la vérité sur les princes
d'Orléans.

TABLE DES MATIÈRES

Paris. — IMPRIMERIE NOUVELLE (assoc. ouvr.). 11, rue Cadet. — 17111
G. Jus, ..., directeur.

Dépôt chez M. ANTOINE MATHIVET

Secrétaire-adjoint de l'Union républicaine

22, RUE CLER, A PARIS